Richard Katalayi Kanyinda
Ziv Kabambi Katambwe
Richard Kamangu Kalonji

MODO DE FUNCIONAMENTO

Richard Katalayi Kanyinda
Ziv Kabambi Katambwe
Richard Kamangu Kalonji

MODO DE FUNCIONAMENTO

O MÉTODO ACN / PCN

ScienciaScripts

Imprint

Cover image: www.ingimage.com

This book is a translation from the original published under ISBN 978-620-6-71259-6.

Publisher:
Sciencia Scripts
is a trademark of
Dodo Books Indian Ocean Ltd. and OmniScriptum S.R.L publishing group

120 High Road, East Finchley, London, N2 9ED, United Kingdom
Str. Armeneasca 28/1, office 1, Chisinau MD-2012, Republic of Moldova, Europe
Printed at: see last page
ISBN: 978-620-7-62226-9

COMO FUNCIONA O MÉTODO ACN / PCN

PROCEDIMENTO DO MÉTODO ACN / PCN

[1,2,3]Ziv Kabambi Katambwe , Richard Katalayi Kanyinda e Richard Kamangu Kalonji

[1]Instituto do Património e dos Trabalhos Públicos (IBTP), Mbujimayi, R.D. Congo

[2]Universidade Oficial de Mbujimayi (UOM), Mbujimayi, R.D. Congo

[3]Instituto Superior de Comércio (ISC), Mbujimayi, RD. Congo

RESUMO

RESUMO

O método ACN/PCN é um sistema internacional normalizado, elaborado pela Organização da Aviação Civil Internacional (ICAO), que tem por objetivo fornecer informações sobre a resistência do
estradas aeronáuticas (aeroportos comerciais e militares) e que permite este facto de julgar a admissibilidade de cada avião de acordo com a sua carga e a resistência das estradas.

O ACN representa a agressividade dos aviões e o PCN a capacidade de suporte das estruturas das estradas que os acomodam:avião é aceitável sem restrições numa estrada aeronáutica se ACN < PCN.se ACN > PCN;¶Deve ser efectuado um estudo específico para julgar a admissibilidade do avião.¶

PALAVRAS-CHAVE

PALAVRAS-CHAVE: Aeródromos, ACN, PCN, pressão de suporte, ICAO...

RESUMO

RESUMO

O método ACN / PCN é um sistema internacional normalizado desenvolvido pela Organização da Aviação Civil Internacional (ICAO) para fornecer informações sobre a resistência de
pavimentos (aeródromos civis e militares), permitindo avaliar a admissibilidade de cada aeronave em função da sua carga e da resistência dos pavimentos.

O ACN representa a agressividade da aeronave e o PCN a capacidade de carga das estruturas do pavimento: uma aeronave é admissível sem restrições num pavimento aeronáutico se ACN < PCN, e se ACN > PCN; deve ser efectuado um estudo especial para julgar a admissibilidade da aeronave.

PALAVRAS-CHAVE: Aeródromos, ACN, PCN, Lift, ICAO...

DEFINIÇÃO DO MÉTODO ACN / PCN

1. DEFINIÇÃO DO MÉTODO ACN / PCN

Pela sua própria natureza, a espessura e a resistência da sub-base de um pavimento aeronáutico actua como um suporte estrutural para a pista do aeródromo, distribuindo as cargas das aeronaves por uma área de superfície maior e reduzindo assim as tensões no solo subjacente.

Ajuda a evitar a subsidência e a compactação do solo, que podem comprometer a estabilidade da pista.

O método ACN/PCN foi definido pela ICAO em 1981 e é obrigatório para todos os seus Estados membros. O método consiste em estabelecer a admissibilidade das aeronaves (caracterizadas pelo seu ACN), em função da capacidade de suporte dos pavimentos (caracterizados pelo seu PCN) do aeródromo, essencialmente no caso de pavimentos flexíveis.

O ACN (Aircraft Classification Number) **é** um número avaliado pelo fabricante que exprime a agressividade da aeronave no pavimento. Este número varia consoante a qualidade do pavimento e é calculado de acordo com os procedimentos normalizados do Aerodrome Design Manual da ICAO.

O PCN (Pavement Classification Number) **é** um número avaliado pelo gestor que expressa a

capacidade de carga do pavimento, seja ele flexível ou rígido, para utilização sem
restrição. A ICAO não impõe qualquer método para o seu cálculo, deixando-o ao critério dos Estados e dos operadores de aeródromos. Para efeitos de comparação, o PCN deve ser definido de acordo com o mesmo
do que o ACN. De acordo com as informações de que dispomos, as autoridades suíças da aviação civil ou militar não recomendam atualmente nenhum método específico.

Uma aeronave é elegível para utilização sem restrições se o seu ACN for inferior ao PCN da faixa de rodagem. Estão previstas isenções específicas para os casos em que o ACN excede o PCN.

A PORTÂNCIA de um pavimento é a sua capacidade de suportar as cargas das aeronaves, garantindo a integridade da sua estrutura durante toda a sua vida útil.

CÁLCULO DA ACN

2. CÁLCULO DA ACN

Os procedimentos normalizados para o cálculo dos ACN estão definidos no Aerodrome Design Manual. Utilizam métodos empíricos baseados na experiência (numerosos ensaios em pistas experimentais nos Estados Unidos) complementados por considerações teóricas.

Para os pavimentos flexíveis, é utilizado o método CBR (California Bearing Ratio), baseado na perfuração do solo de suporte e na transmissão de cargas num espaço semi-infinito de acordo com Boussinesq.

Para os pavimentos rígidos, as equações de Westergaard são utilizadas para uma laje de betão sobre uma fundação Winkler. A ACN é expressa como 2 vezes a carga admissível em toneladas numa roda simples equivalente (RSE) insuflada a 1,25 MPa, aplicada 10.000 vezes.

A determinação do ACN de uma aeronave implica o cálculo desta roda simples equivalente, que produz os mesmos efeitos que o trem de aterragem principal da aeronave em questão, como indicado na figura 1.

O ACN de uma aeronave varia consoante o tipo de estrutura (flexível ou rígida) e a categoria do suporte. O ACN depende também da pressão dos pneus. No entanto, os ACN são geralmente fornecidos sem limitação de pressão.

Subsequentemente, o ACN é também uma função linear do peso da aeronave Pt, de acordo com a seguinte fórmula:

$$ACN = ACN_{min} + (ACN_{max} - ACN_{min}) \cdot \frac{P_t - m}{M - m}$$

Com:

Pt: Peso real da aeronave

M: Peso da aeronave à carga máxima

m: peso da aeronave em carga mínima

$_{min}$ACN : O ACN tem a carga mínima da aeronave

$_{max}$ACN : O ACN tem a carga máxima da aeronave

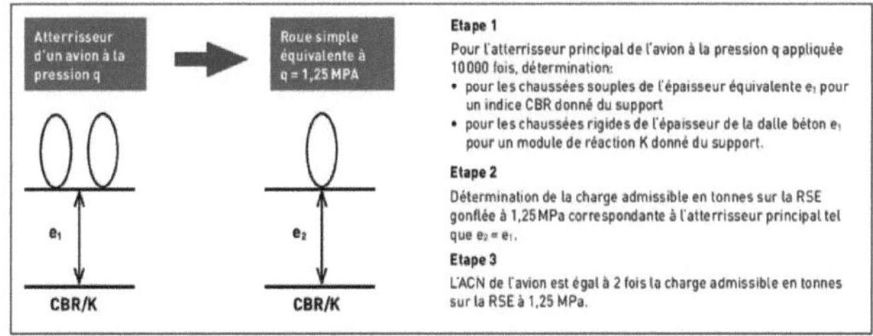

Figura 1: Processo de cálculo do ACN de uma aeronave.

Exemplo de determinação de um ACN

A320-200 JUM	Classes de sol							
	Chaussées souples				Chaussées rigides			
Masse de calcul (kg)	A	B	C	D	A	B	C	D
M = 77 400	41	42	47	53	46	49	51	53
m = 40 529	20	20	21	24	22	23	24	25

$_{minmax}$Figura 2: Exemplo de valores de ACN para o

A320-200 JUM (Fonte STAC - base de dados Winficav) sem limitação da pressão dos pneus, com índices de ACN e ACN para as diferentes categorias de apoio.

DETERMINAÇÃO DO NPC

3. DETERMINAÇÃO DO NPC

A ICAO exige que os gestores de aeródromos declarem a capacidade de carga dos pavimentos aeronáuticos em termos de índices PCN, sem no entanto apresentarem um método para os determinar.

O índice PCN é um número sem unidade com um código de 4 letras que fornece as seguintes informações:

Determinação do código NCP

Type de chaussée	Catégorie du support			Pression pneumatique	Méthode d'évaluation
	Code	CBR (chaussée souple)	K (chaussée rigide)		
[-]	[-]	[%]	[MN/m²]	[MPa]	[-]
R = rigide	A: élevé	> 13	> 120	W: pas de limitation	U: Expérience
	B: moyenne	8 .. 13	60 ... 120	X: ≤1.5	
F = flexible	C: bas	4..8	25 60	Y: ≤ 1.0	T: Technique
	D: très bas	< 4	< 25	Z: ≤ 0.5	

Se a capacidade de carga de um pavimento flexível assente numa base de classe média tiver sido determinada a 62 por uma avaliação técnica e sem limitação da pressão dos pneus,

então a informação comunicada deve ser: PCN 62/F/B/W/T. Existem dois métodos de avaliação para definir o PCN: um consiste numa avaliação baseada na experiência, o outro é uma avaliação técnica que utiliza vários procedimentos detalhados abaixo. Um é provisório, o outro é definitivo.

DETERMINAÇÃO DO NPC POR EXPERIÊNCIA : CÓDIGO U

4.DETERMINAÇÃO DO NPC POR EXPERIÊNCIA: CÓDIGO U

Este método de determinação do NCP é designado por "por experiência" porque tem em conta a influência do tráfego anterior na faixa de rodagem: o NCP é declarado em função do NCA.

da aeronave mais agressiva (conhecida como "aeronave crítica" ou "aeronave de dimensionamento") que utiliza regularmente o aeródromo, sujeita a um comportamento e nível de serviço aceitáveis. O valor do ACN desta aeronave deve ser utilizado como o valor do PCN do pavimento.

A utilização deste método muito simples só pode ser tolerada em aeródromos com muito pouco tráfego e nos casos em que a frequência prevista das aeronaves críticas é semelhante à frequência.

conhecido no momento da avaliação.

Uma vez que este método não tem em conta a capacidade de suporte real do pavimento, existe o perigo de poder conduzir a uma sobrestimação do índice PCN e, por conseguinte, a um tráfego de

que a estrada é subdimensionada.

Deve ser observada uma vigilância acrescida das características do pavimento (fissuração, deformação), a fim de detetar qualquer aumento da deterioração, o que implicaria a revisão em baixa do NCP ou a opção pela determinação de um NCP "Técnico". Em qualquer caso, a utilização do código U deve ser limitada no tempo (2 a 3 anos no máximo).

DETERMINAÇÃO DO NPC TÉCNICO :

5.DETERMINAÇÃO DO NPC TÉCNICO: CÓDIGO T

Uma avaliação técnica (código T) dos índices de NCP requer a recolha prévia de dados de entrada:

	Données d'entrée requises	Comment les obtenir?
1	Connaître les caractéristiques des couches de la structure en place (charges admissibles, épaisseurs)	Essai de portance et connaissance des matériaux
2	Définition des charges auxquelles la structure sera soumise	Définition du trafic Définition de la dispersion latérale

A ausência de qualquer um dos dados de entrada (ensaio de capacidade de suporte, conhecimento dos materiais e do tráfego) torna impossível calcular o índice NCP de forma fiável.

Alguns métodos baseiam-se apenas em medições de deformação, dando, na melhor das hipóteses, uma indicação da capacidade de suporte do pavimento. Embora tenham sido estabelecidas relações entre o comportamento do pavimento e a deflexão medida, estas continuam a ser muito aproximadas. Muitos factores externos, como o conhecimento da estrutura do pavimento no local, não são tidos em conta.

Figura.3 Dispositivo de medição de elevação HWD.

Os métodos utilizados para calcular os índices PCN foram classificados em três categorias: 1. empírico, 2. mecanicista-empírico e 3. Mecânicos-empíricos alargados. Todos estes métodos se baseiam, total ou parcialmente, em ensaios in situ. A título de lembrete, o ACN também é determinado empiricamente.

O segundo método introduz uma abordagem analítica para a caraterização dos materiais, embora permanecendo próximo dos métodos empíricos. O terceiro método tem como objetivo simular as condições reais o mais próximo possível, tanto em termos de modelação do pavimento como da natureza das tensões.

Um exemplo de aplicação de cada um destes métodos é apresentado em pormenor no resto do presente artigo. Para cada um destes métodos, o tráfego sem restrições recomendado é descrito, mas não é possível determinar como deve ser tido em conta.

não constitui uma generalidade para o método a que o exemplo se refere.

Os primeiros métodos desenvolvidos para calcular o NCP foram métodos empíricos, nomeadamente os métodos CBR e Westergaard, que também são utilizados para calcular o NCA.

No caso dos pavimentos flexíveis, a avaliação deve determinar a capacidade de suporte do subleito em termos de CBR e a espessura equivalente da estrutura.

No caso dos pavimentos rígidos, trata-se de determinar o módulo de reação K e a espessura da laje de betão, bem como a sua resistência. A abordagem francesa é um exemplo de um método empírico.

No caso dos pavimentos flexíveis, trata-se de determinar a espessura equivalente através da atribuição de coeficientes de equivalência teóricos a cada camada do pavimento, derivados de experiências com materiais.

Matériaux	**Coefficient d'équivalence**
Béton bitumineux à module élevé	2,5
Béton bitumineux aéronautique standard	2
Enrobé à module élevé	1,9
Grave bitume standard	1,5
Grave émulsion	1,2
Grave concassée bien graduée	1
Grave roulée	0,75
Sable	0,5

A espessura equivalente do pavimento é igual à soma das espessuras de cada camada, ponderada pelos coeficientes de equivalência. Estes coeficientes de equivalência aplicam-se da seguinte forma

Estes são mantidos como estão ou são ajustados com base nos resultados das medições de deflexão, por dimensionamento inverso.

Uma vez recolhidos estes dados, prevê duas opções: um cálculo forfetário e um cálculo optimizado do PCN.

O cálculo normalizado consiste em calcular a carga admissível sobre uma roda isolada (RSI [t]) insuflada a 0,6 MPa e aplicada 10 000 vezes. A conversão em NCP é efectuada multiplicando este RSI em toneladas por um coeficiente baseado no valor do CBR do solo de apoio.

O cálculo optimizado tem em conta os efeitos de cada tipo de aeronave sobre a estrutura do pavimento. Trata-se de determinar a carga admissível aplicada

10.000 vezes para cada aeronave do tráfego previsto, convertida em ACN. O NCA é igual à soma dos NCA das aeronaves à sua carga admissível, ponderada pela sua quota de tráfego.

Fórmula:

$$PCN = \frac{ACN_1 \cdot t_1 + ACN_2 \cdot t_2 + ACN_i \cdot t_i}{\sum_1^i t}$$

Avec:
t: nombre équivalent de mouvements

O cálculo optimizado é recomendado em França, logo que as previsões de tráfego sejam conhecidas.

A abordagem francesa para a determinação do NCP tem a vantagem de estar em conformidade com os procedimentos de cálculo empíricos do AIS e de ser simples de aplicar.

No entanto, tem as suas próprias limitações:

Os coeficientes de equivalência teóricos não têm em conta o estado real dos materiais. A fiabilidade dos primeiros dados de entrada é, portanto, insuficiente.

A deformação do solo é o único critério considerado para definir o fim de vida da estrutura:

- a exatidão da determinação do CBR pode influenciar o valor calculado do PCN.
- as deformações e tensões nas outras camadas não são tidas em conta.

Note-se que este critério de limite único está, no entanto, em conformidade com os procedimentos normalizados de cálculo do ACN. As novas configurações dos trens de aterragem obrigaram a ICAO a adaptar os cálculos do ACN através da introdução de coeficientes alfa.

A dispersão lateral das aeronaves é fixa e invariável.

Uma parte "empírica" da abordagem francesa, nomeadamente a caraterização dos materiais, foi substituída no software.

ELMOD (Evaluation of Layer Moduli and Overlay Design) utilizando uma abordagem analítica.

Depois de introduzir as espessuras no software, os módulos elásticos de cada camada são determinados por cálculo inverso das deflexões registadas pelo HWD (Heavy Weight Deflectometer) com base no princípio da espessura equivalente Odemark-Boussinesq (MET: Method of Equivalent Thickes).

Conhecendo a tensão admissível ao nível do solo e o número de cargas admissíveis, a carga admissível numa única roda equivalente a 1,25 MPa é calculada por iteração.

O índice PCN corresponde a 2 vezes esta carga admissível em toneladas.

Finalmente, o módulo de elasticidade do solo é convertido por correlação num valor CBR para poder publicar a categoria do substrato (A, B, C ou D, ver 4. Determinação do PCN). Encontramos a imprecisão do RBC acima referida.

CÁLCULO DA ACN

A ABORDAGEM DE SOFTWARE

6. A ABORDAGEM DE SOFTWARE

A abordagem do software ELMOD 5 tem a vantagem de introduzir características reais dos materiais no local (primeiros dados de entrada), respeitando o princípio da roda única equivalente específico do ACN. No entanto, de acordo com os procedimentos normais de cálculo do AIS, apenas tem em conta a deformação do apoio, excluindo as tensões e deformações admissíveis nas outras camadas da estrutura. O número de passagens de tráfego sem restrições no ELMOD 5 é introduzido pelo utilizador do software e não se limita, portanto, às 10 000 passagens utilizadas no cálculo do ACN.

Como já foi referido, os métodos empíricos estão a mostrar as suas limitações quando se trata de se adaptarem a alterações nos materiais e a novos tipos de tensão. Por conseguinte, foram desenvolvidos novos métodos para permitir uma avaliação mais realista do comportamento do pavimento sob cargas repetidas. Por um lado, a modelação do tráfego está a tornar-se mais racional, uma vez que a geometria do trem de aterragem para o tráfego previsto e a dispersão lateral das aeronaves são tidas em conta para calcular os danos acumulados em todos os pontos do perfil transversal do pavimento.

Em segundo lugar, a modelação Burmister ou MET é utilizada para calcular as tensões e deformações em cada camada da estrutura do pavimento, definindo assim os critérios de limite admissíveis para cada camada:

Critérios-limite de fendilhação por fadiga, correspondentes às deformações máximas por tração na base dos materiais tratados, critérios-limite de cio, correspondentes às deformações verticais admissíveis nas camadas não tratadas (fundação, solo).

Estes incluem os pacotes de software de cálculo PAVERS e PCASE

- O módulo "Layer Elastic Analysis" oferece o cálculo dos índices de NCP por este método, tendo cada um destes programas as suas especificidades, nomeadamente na escolha dos critérios de limite admissíveis. A versão ELMOD 6 pode também incluir a modelação do tráfego, mas é inicialmente parametrizada apenas com o critério limite da deformação do solo.

Este software utiliza como tráfego sem restrições o número de movimentos previstos por tipo de aeronave, reduzindo-o - através de equivalências - a um número de passagens da aeronave crítica (aeronave com o ACN mais elevado). O PCN é então expresso como sendo igual ao ACN da aeronave crítica, com o seu peso admissível, para o número de passagens determinado.

A vantagem desta abordagem informática reside no facto de a capacidade de suporte, expressa em NCP, ser determinada com base nas características de todas as camadas da estrutura existente. No entanto, os critérios de limites admissíveis alargados a todas as camadas fazem com que o método se afaste do critério único de deformação de apoio específico do AIS.

Type de méthode	Empirique		Analytique-empirique	Analytique-empirique «étendue»
Exemple d'application	Approche française «forfaitaire»	Approche française «optimisée»	Logiciel Elmod (Danemark) (Pays-Bas)	Logiciel PAVERS
Qualification des matériaux	Coefficient d'équivalence		Modules élastiques	
Préconisation pour la qualification du sol	Essais CBR Essais de plaque		Module élastique par calcul inverse	
Critère de rupture	Déformation du sol support			Critère sur les couches couche critique
Détermination du PCN	RSI multiplié par un coefficient fonction du sol support	Somme pondérée des ACN des avions à leur charge admissible	RSE*2	ACN de l'avion critique à sa charge admissible

Figura 4: Comparação dos métodos utilizados para caraterizar os materiais (pavimentos flexíveis).

6.1 ESCOLHA DA DECLARAÇÃO NPC

A escolha da declaração NCP é da responsabilidade do gestor do aeródromo, que pode introduzir factores de risco em função da sua política de gestão das infra-estruturas e dos seus objectivos comerciais (desenvolvimento do tráfego, acolhimento de novas aeronaves, etc.).

O PCN é definido como o ACN da aeronave que pode utilizar a faixa de rodagem para o número de passagens previstas em tráfego sem restrições. Assim, a escolha do tráfego tem uma grande influência no cálculo do índice PCN: quanto maior for o número de passagens previstas em tráfego sem restrições, menor será o índice PCN e vice-versa.

Por exemplo, podem ser estudadas várias hipóteses de tráfego para que o operador opte por uma gestão arriscada (hipótese de tráfego baixo → NCP elevado → risco elevado de ocorrência de danos) ou por uma gestão prudente (hipótese de tráfego elevado → NCP baixo → risco reduzido de ocorrência de danos).

Para além disso, dado que é possível calcular um valor de NCP para cada ponto de medição da capacidade de suporte, é possível utilizar a estatística para atribuir uma taxa de risco ao valor de NCP declarado, correspondente à percentagem da superfície do pavimento subdimensionada para o tráfego previsto. Uma taxa de risco de 20% é normalmente atribuída a uma gestão normal, enquanto uma taxa de 50% corresponde a uma gestão de risco, ou seja, a probabilidade de metade da superfície do pavimento sofrer uma deterioração (estrutural) significativa antes de atingir o fim da sua vida útil.

6.2 PERSPECTIVAS DO MÉTODO ACN/PCN

Embora os métodos empíricos continuem a ser amplamente utilizados, os métodos mecânico-empíricos estão a progredir devido à sua capacidade de incorporar no cálculo variações nos critérios de tráfego e nos tipos de materiais, o que conduz a uma avaliação mais racional das cargas admissíveis e, por conseguinte, do NCP do pavimento. Os Estados membros da ICAO estão conscientes deste facto e estão em curso trabalhos para mudar do sistema ACN/PCN para métodos analítico-empíricos.

O grupo de trabalho foi criado com o objetivo de propor alterações ao cálculo do AIS, considerando as respostas das estruturas elásticas lineares multicamadas às tensões.

Esta abordagem mecânica teria a vantagem particular de considerar os efeitos dos trens de aterragem com várias rodas. No entanto, a deformação no solo continuaria a ser o único critério de falha para definir a carga admissível.

Esta alteração implicaria o abandono dos métodos CBR Westergaard e uma reavaliação dos ACN das aeronaves de acordo com o novo cálculo normalizado.
Ao mesmo tempo, um novo método
A ICAO poderia impor um método normalizado de cálculo do NCP, baseado nos métodos mecânico-empíricos descritos, para ter em conta estas alterações ao cálculo do ACN.
Estas alterações devem, por conseguinte, ser consideradas como uma melhoria necessária para uma gestão mais eficaz dos pavimentos aeronáuticos.
Enquanto se aguarda esta normalização, desejável para facilitar a compreensão por parte dos gestores que devem publicar os seus índices NCP, a Infralab SA optou por calcular o NCP utilizando o software ELMOD, ou seja, utilizando um método mecânico-empírico que é transitório no contexto atual.
Este método aproxima-se tanto quanto possível do sistema ACN/PCN descrito pela ICAO, incorporando simultaneamente critérios mecânicos de caraterização dos materiais.

CONCLUSÃO

7. CONCLUSÃO

O método ACN/PCN é uma ferramenta de gestão do pavimento da plataforma. Para tal, é necessário contar com precisão os movimentos das aeronaves, tanto em termos de peso real como de trajetória de rolagem. Permite igualmente saber se a autorização de acesso de uma aeronave a um aeródromo pode ser aceite ou se deve ser recusada.

O objetivo desta ferramenta é fornecer aos gestores um meio de monitorizar a "capacidade de suporte" dos seus pavimentos e planear investimentos futuros.

REFERÊNCIAS BIBLIOGRÁFICAS

8. REFERÊNCIAS BIBLIOGRÁFICAS

1. STBA. (1988). Guia prático para a utilização do método ACN/PCN.

2. ICAO, Anexo 14 - Aeródromos, Volume I - Projeto e operação técnica de Aerodromes, 5ª edição, julho de 2009.

3. ICAO, Aerodrome Design Manual, Part 3, Pavements, 2ª edição - 1983.

4. Service Technique de l'Aviation Civile - ITAC - Cap. 5, conceção de pavimentos aeronáuticos.

5. STAC - Avaliação do elevador http://www.stac.aviation-civile.gouv.fr/chaussee/portance.php

6. Service Technique de l'Aviation Civile - ITAC - Cap. 8, Gestão do pavimento aeronáutico - método ACN/PCN

7. Airbus Engineering - Conferência Internacional sobre pavimentos aeroportuários em High Tatras, República Eslovaca (21/05/2012) - ICAO-UPDATE, ACN/PCN

8. Modificação dos ACN de certas aeronaves na sequência da decisão da ICAO de 16 de outubro de 2007, STAC, junho de 2008, http://www.stac.aviation-civile.gouv.fr/ publications/gnt- chaus.php

9. Mouri L. e Bessadat H., 1994. Etude de dimensionnement des chaussées aéronautiques type sud. PFE, projeto de fim de curso, Universidade de Ciências e Tecnologia de Oran.

10. Uge P., Gravoise A. e Lemaire J.N., junho de 1976. Le comportement en fatigue des enrobés bitumineux : influence du liant, Revue Générale des Routes et des Aérodromes n° 521.

11. Dynatest International A/S, Guia de Software ELMOD6 "Evaluation of Layer Moduli
e conceção de sobreposição".

CÁLCULO DA ACN

ÍNDICE DE CONTEÚDOS

Printed by Books on Demand GmbH, Norderstedt / Germany